走，去古代吃顿饭

懂懂鸭 著

主食

电子工业出版社

Publishing House of Electronics Industry

北京·BEIJING

五谷闪亮登场

稷为五谷之首，白而不黏，可食用和酿酒。古人将"江山社稷"（社为土神，稷指谷神）视为国之根本，只要"社稷"有福，百姓就能安居乐业。

稷

黍 和稷很像，但偏黄偏黏。可用来煮粥、做糕、酿酒。

早在 5000 年前的新石器时期，先民们就用骨耜（sì）、木耜等农具种植谷物了。

说到咱们千百年来的主食，首当其冲就是"五谷"。它们的地位有多重要呢？看看"四肢不勤，五谷不分"这形容懒人没常识的千古名言就知道了。

"五谷"在古代有两种主流说法，分别是"稻、黍（shǔ）、稷（jì）、麦、菽（shū）"和"麻、黍、稷、麦、菽"。两者间的不同在于"麻"和"稻"，因为"麻"这种植物主要用来搓麻绳、织麻布，所以现代人口中的"五谷"没有它。

种麦前要先松土。瞧，这是转向灵活，节省畜力的"翻地神器"——曲辕犁。

麦 石磨发明之前可没有面包、饼干等麦制品，只有用小麦蒸煮而成的麦饭，口感不好，难以下咽。

这龙骨翻车，能将低洼处的水轻松引到高处的田地里。

菽 "菽"是豆类的总称，在五谷中主要指大豆。对于战国至秦汉时期的百姓来说，大豆做成的豆饭或豆粥，是他们日常的主食。

稻 水稻已经陪伴我们超过7000年了，但由于产量不足，历史上的大多数时期，并不是每个人都能顿顿吃上白米饭。我们现在能基本实现"米饭自由"，袁隆平爷爷带队研发出的高产杂交水稻功不可没。

行走天地
一碗粥

大米最初的吃法

　　金灿灿的水稻收获后，需要脱粒、去壳、去皮，才能变成白花花的大米。但古人手里的工具有限，只能用石臼（jiù）、石碓（duì）等工具，对水稻进行粗加工，再将混杂着米糠的大米放入陶鬲（lì）或陶釜（fǔ）内，煮成口感不太好的粥。

　　随着炊具和农具的进一步发展，出现了底部带有小孔的"甑"（zèng）和水力推动的"水碓"。这时人们终于得到了更多去壳的大米，不仅能蒸米饭，还让粥有了更多的做法。

脱粒

舂米

熬粥

改进舂米方式

蒸干饭

蒸饭时，要先将半熟的饭从米汤里捞出来，然后放进甑里接着蒸。不如现代的电饭煲方便呀。

粥在古代，曾被称作"糜"（mí），由于做法简单，是受众最广的食物。达官贵人爱吃内容丰富的粥，认为它既养生又美味。皇帝甚至还能用它来赏赐官员。当大灾来临，粥又变成了救济灾民的便捷口粮。

诗人白居易在翰林院任职时，就曾因为才华出众，受到唐穆宗的赏识，得到一碗用防风草和大米熬煮的御赐"防风粥"。这碗粥不仅吃后七日仍口留余香，还是一种人人羡慕的荣耀。

救济灾民最常见的方式就是施粥，除方便外，还有一大好处：煮粥会加很多水，能最大化地利用仓库中的粮食。所谓"饭救十人，粥救百人"就是这个道理。

吃粥有一套

从《周书》中记载"黄帝始烹谷为粥"开始算起，我们吃粥已有数千年历史了。

粥的内容包罗万象：加入时令蔬菜煮成的菜粥；结合补药熬成的药粥；需猛火生滚的肉粥；提取鲍鱼、蚝仔、虾米精华的海鲜粥……古人不仅在粥的味道上下功夫钻研，还重视它能清热解毒、解腥化腻、滋补肠胃的功效，提出了"早晚宜喝粥"的概念。

我喝粥时，最喜欢搭配咸鸭蛋、榨菜、豆腐乳等小菜，咸香可口。

荠菜粥

阳春三月，荠菜正是最鲜嫩的时候，将它切碎了和大米、大蒜一起熬粥，喝下后保证身体在"倒春寒"时节也暖洋洋的。

绿豆粥 绿豆本身是性寒味甘的食材，在炎炎夏日里，吃一碗冰镇绿豆粥，很快就能降火消暑。

莲藕粥 秋季莲藕成熟，选粉糯老藕，和粳米一起熬煮，加少许白糖、桂花调味，就能得到一碗健脾开胃的莲藕粥。

腊八粥 农历腊月初八得喝腊八粥。这碗热气腾腾的粥里有大米、小米、玉米、莲子、红枣、花生等多种食材，寓意着吉祥和福气。

米饭那些事儿

三千年前就有盖饭？

比起粥，米饭的可塑性更大。早在周代，人们就知道用其他食材来混搭大米饭，享受盖饭的美味了。比如周天子专享的"八珍宴"中就有一道肉酱盖饭，叫作"淳熬"。还有引人垂涎的"八宝甜饭"，据说是用八种食材烹制而成的，还要用烧酒溶化红糖，淋在上面调味。

周代的分餐制

周代人吃饭是件讲究事，已经有了分餐而食，还逐渐多了一些吃饭的规矩。

在吃饭过程中，会出现用筷（箸）夹饭易掉米粒的情况，逐渐出现了用手抓饭的情形。

箸

**米饭不能
敞开吃**

古代稻米产量有限，普通百姓的主食以粗粝的米饭、麦饭、粟米饭或豆羹为主，且一天只吃两餐。早上 9 点左右吃早饭，称为"饔"（yōng）；下午 4 点左右吃晚餐，叫作"飧"（sūn）。

先秦时期出现了一种吃法：早上煮好的米饭，分一半放到太阳下晒干，晚上回来用热水一泡，配些咸菜就能填饱肚子。除此以外，在煮饭的时候，还会将少量的米和其他杂粮野菜一起混煮，以此减少大米的消耗。

周代人对食品卫生要求得很严格，除饭前洗手外，《礼记》中还明确记载了许多要求。

共饭不泽手
（吃饭时不要搓手，容易有手汗）

毋抟饭
（不要用手搓饭团）

毋放饭
（未吃完的饭不要放回锅里）

毋吒食
（吃饭不要发出声音）

毋刺齿
（不要当众剔牙）

邀游在饭山饭海

古人的餐桌上有许多有特色的"古早饭"。仅在宋代，就有蟠桃饭、金饭（大米和菊花共煮）、玉井饭（大米和莲藕、莲子共煮）等十多种做法。

青精饭 传说道门中做的青精饭十分特别：将青石脂和青粱米浸泡 3 日，捣成药丸装在宝葫芦里，只需要吃一两丸，就不会有饥饿感了，和传说中的"辟谷丹"有异曲同工之妙。

胡麻饭 将反复捶打的糯米捏成小团，周身裹满芝麻和白糖，一口下去软糯香甜还扛饿。这种"神仙饭"就是古代大受欢迎的"胡麻饭"。

盘游饭

大"吃货"苏东坡曾记载：江南人喜欢做盘游饭，腌鱼、肉干、鱼片、烤肉都能当作食材埋在饭里，有俗语称作"掘得窖子"。

清风饭

宰相李逢吉曾将清热降温、冰凉爽口的"清风饭"献给唐敬宗。做法为：将米饭和牛酪浆、龙睛粉、龙脑末混合，放入冰窖里冷藏后食用。

蟠桃饭

《山家清供》里记载了一种"蟠桃饭"：采来山桃，用淘米水煮熟后捞出，当锅里的饭快煮好时，放下去同煮片刻就能食用了。这种桃香扑鼻的饭食在宋代很受欢迎。

吸溜吸溜来吃面

今天风大，正好可以用木锨来播扬谷物，这样尘土和谷壳就能随风而去了。

扬场

想吃面了怎么办？

　　古代人想吃碗面该怎么做？这需要从自己动手磨面开始！

　　明代科学家宋应星所著的《天工开物》记录了研磨面粉的流程：小麦脱粒后，先用水淘洗干净，将泥垢、碎石去掉；晒干研磨成粉后，再把面粉扫进竹罗中进一步筛去麸皮。如此又磨又筛几次后，才能得到细腻的面粉。

　　接着在面粉中加入一点盐、一颗鸡蛋、适量的水，揉成面团后饧面（让面团发酵）。再将饧好的面团切成小块，擀成面片，切成面条，就能下锅啦！

洗麦

晒干

筛面

研磨

揉面

我手里的工具叫作"罗"，以木头或竹子做边框，只要绷上一面马尾织成的网，就能筛面粉啦！

多亏鲁班发明石磨，我们才能吃上面粉、玉米粉、豆浆等加工食品！

索饼

东汉时期有一种类似切面的"索饼"，可以和丹雄鸡肉一起做成药膳，食用后对身体很好。

水引饼

北魏时期有种面食叫作"水引饼"，是将一尺来长、筷子粗细的面条压成韭菜叶的形状，下水煮熟食用。

夏天食欲不振，吃冷淘真是消暑又开胃。

面条"史记"

自青海省喇家遗址发掘出 4000 年前的小米面后，人们多认为面条的发源地为中国。

虽然我们吃面的历史源远流长，但直到宋代，才有了"面条"一词。在此之前，这种面类食物都叫作"饼"。

 **冷淘**

唐代有种过水凉面，称作冷淘。做法很简单：用青槐叶榨汁和面，煮熟后浸入冰水，再捞起用熟油浇拌，调味后便可食用。这种面的吃法和现代凉面几乎一样。

面条荟萃

宋代的面条种类特别多，有清淡纯素的"壮面"，有荤味十足的"插肉面""猪羊庵生面""丝鸡面"，还有各种"浇头面"，时令蔬菜、喷香的肉臊子都可以浇在上面。

羊肉挂面

元代流行吃挂面。负责元仁宗饮膳的太医忽思慧记录了羊肉挂面的配料：羊肉五斤，挂面六斤，蘑菇半斤，鸡蛋五个煎成饼，姜一两，瓜齑一两，再添加胡椒、盐、醋等调料。

鳗面

明清时期不仅出现了炒面、卤面等不同吃法，就连煮面的汤水也格外讲究。袁枚就在《随园食单》中记载了一道鳗面，面汤是用鸡汤、火腿和蘑菇一起熬制的，揉面的时候还要加入鳗鱼肉。

馒头包子
顿顿不舍

包子是馒头，馒头是包子？

直到现在，部分江浙地区的人们还是将馒头和包子两样名称混着叫，其中到底有何渊源？

据传，诸葛亮七擒孟获班师回朝，途经泸水，狂风大作，不能行船。他将牛羊肉剁成馅儿，用面皮包裹后做成蛮人头颅的模样，祭祀河神后方才过河。该食物被称作"蛮头"，后演变为"馒头"。

但仔细观察会发现，这种"馒头"有馅儿啊，这不就是包子吗？原来在古代，如今的包子名叫"馒头"，直到宋代才开始有了"包子"的称呼。

唐宋时期，馒头不仅上得了皇帝的御桌，也能丰富百姓的味蕾，就连契丹贵族也爱吃。辽墓壁画中，就发现了侍女端馒头呈给主人的画面。

真正的实心馒头，应该也是南宋时期出现的，那时社会动荡，食物短缺，有馅儿的馒头不是人人都吃得起的，所以才有了价格更为低廉的纯面馒头。

清代时，由于有馅儿和无馅儿的馒头都很普及，为了区分它俩，人们正式用"包子"和"馒头"来分别命名。

大宋
馒头铺

在处处充满美食香气的宋代，一家家馒头店遍地开花，其中品类之多，能让你挑花眼睛，仅《梦粱录》中就记载了糖肉馒头、羊肉馒头、笋肉馒头、鱼肉馒头、蟹肉馒头等十多种品类。就这还不够，店家为了招揽生意，源源不断地研发新品，出现了鹅、鸭、鸡、兔、肚、肺馒头和鳝鱼馒头这些"奇葩美食"。

宋代人将无馅儿的馒头叫"蒸饼"（同炊饼），因此《水浒传》中武大郎挑担子卖的"炊饼"，其实是白面馒头哦。

好饼口口香

胡制饼作

和面

碗扣发酵

涂油擀成饼状

用馕针压花

烤制

宰相都馋的胡饼

　　自汉代管理西域后，胡麻和胡桃都到中原安了家，顺带着流行起一种内夹胡桃仁、外撒胡麻的圆饼——"胡饼"。

　　唐代时，胡饼的隔层里还能放羊肉等荤菜，只需将羊肉一层层地抹在面皮上，夹杂胡椒和豆豉，再用酥油浇灌，烤至五分熟即可食用。

　　这等美味，就连宰相刘晏都抵挡不了。据说在上朝的路上，刘晏被胡饼的香味吸引，但刚出炉的饼太烫，他用衣袖包住就吃了起来，面圣时胡子上还粘着饼渣呢。

胡饼和现代新疆的馕很像。

方便携带的饼

南北朝时，有一种出门旅行的常备干粮——环饼。此饼带有咸味，中间有个洞，走南闯北的押镖人可以把小环饼串在棍棒上带着走，驾车出行的人则会把大环饼挂在马车后面，像备胎一样，方便随时取用。

宋代的环饼则有三种形态：环状、麻花状和馓子状。后两种不便携带，所以书生们出远门时，常常选择串一些环状饼挂在竹书箱上。

环饼　　　麻花环饼　　　馓子环饼

煎饼不仅物美价廉，还是中国人吃了 5000 年都吃不腻的传统美食！它既能充饥，又能丰富我们的节日，还能驱虫，真是妙用多多啊！

5000 多年前，仰韶先民有一种摊煎饼的圆板锅——陶鏊，可以将他们收获的小米，摊成煎饼状的食物。

魏晋时期，吃煎饼变成了习俗。传说女娲在第七天造出了人，所以正月初七就是人的生日，称作"人胜节"。这天要在院子里摊煎饼，号曰"熏天"，祈求生活吉祥美满。

明代百姓格外有想法，煎饼在他们手上变成了"熏虫利器"，《宛署杂记》里提道："用面摊煎饼熏床炕令百虫不生。"

清代时出现了山东煎饼。此饼圆如满月，薄似纸张，颜色像黄鹤的翎羽一般，可以抹酱和夹葱，吃起来颇有韧劲。

唐代人喜欢吃麻油摊的煎饼。《唐摭言》已载，大才子段维在某次文会上，每熟一饼，他便作诗一首，引起众人赞叹。

元代人吃煎饼有了更多搭配，既能配蒜而食，也能加料，比如加鸡蛋的金银卷煎饼。

煎饼果子是天津名小吃！用绿豆粉做成稀面浆，加鸡蛋，裹油条或馃箅儿，搭配面酱、葱末、腐乳和辣椒酱。吃过都说好！

杂粮煎饼用五谷杂粮做黏稠面糊，摊得很薄，中间加鸡蛋、薄脆、鸡柳等各种配菜，再刷上一层酱料，折起来后"一刀两断"，香得很！

皮薄馅大的饺子

饺子的前世今生

俗话说"好吃不过饺子",中国人对于饺子的感情十分深厚,过节、有值得庆祝的事、请客等去饭馆,饺子都是餐桌上的常客。

自东汉名医张仲景发明饺子以来,1800多年间,它的形状、吃法甚至名称一直在改变。直到清代,饺子的吃法才和现在的吃法差不多。

据说张仲景用面皮包裹剁碎的羊肉和祛寒药材,煮熟后分给贫苦百姓,吃了耳朵不生冻疮。这种承担着药用功能的食物,在当时被称作"娇耳"。

南北朝时期,《北户口录》中曾有记载:"今之馄饨,形如偃月,天下通食也。"从形状来看,应该就是指饺子。不过直到唐代,饺子和馄饨的概念都是混淆的。

唐代的饺子称作"牢丸",有蒸和煮两种做法。此外,饺子还随着丝绸之路传到了西域,吐鲁番阿斯塔那唐墓就曾出土过5厘米长的饺子实物。

到了宋代,饺子又多了一个名字——"角儿"。我们今天所用的"饺子"二字就来源于此。当时饺子的口味和做法特别多,有"水晶角儿""煎角儿"等。

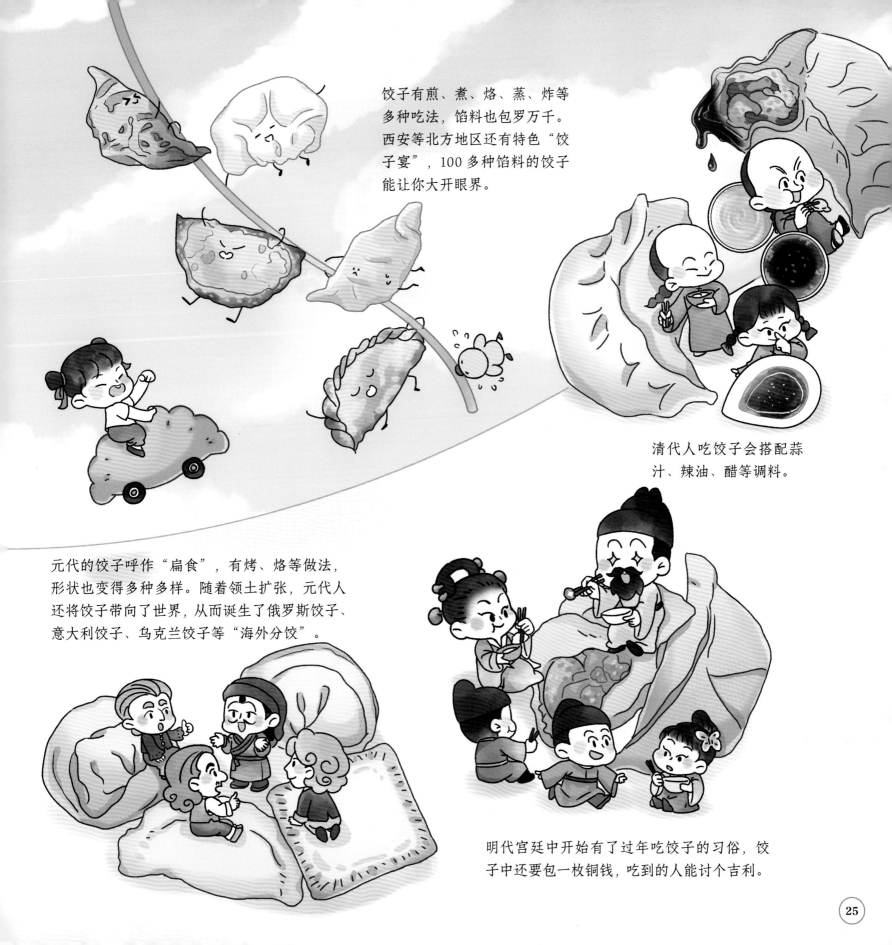

饺子有煎、煮、烙、蒸、炸等多种吃法，馅料也包罗万千。西安等北方地区还有特色"饺子宴"，100多种馅料的饺子能让你大开眼界。

清代人吃饺子会搭配蒜汁、辣油、醋等调料。

元代的饺子呼作"扁食"，有烤、烙等做法，形状也变得多种多样。随着领土扩张，元代人还将饺子带向了世界，从而诞生了俄罗斯饺子、意大利饺子、乌克兰饺子等"海外分饺"。

明代宫廷中开始有了过年吃饺子的习俗，饺子中还要包一枚铜钱，吃到的人能讨个吉利。

包饺子是门艺术

也许大多数人常见的饺子都是弯弯的月牙形，但其实饺子的形状数不胜数，三角形、十字形、元宝形、信封形、葵花形……

和一些外国人包饺子靠模具压花不同，咱们考验的是手上功夫，捏褶子，挤棱角，每个手工饺子都精巧十足。

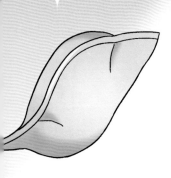

玫瑰煎饺

将三张饺子皮局部重叠粘好，横向放入馅料。整体对折后，从一端开始卷起，团好后整理成花瓣就能得到一个玫瑰煎饺了。

葵花饺

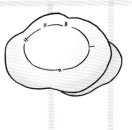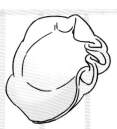

准备两张饺子皮，馅料夹中间，边缘捏合起来，用手在边缘处顺着一个方向依次翻起一角，绕一圈首尾相连即可。

元宝饺

馅料放在饺子皮中央，对折后捏紧边缘，将两端向中间弯拢，捏紧边角，形状就像一枚金元宝。

四喜蒸饺

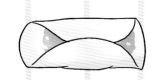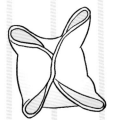

放上肉馅后，先将边缘相对粘连，再用手指扩大预留出的四个洞，最后分别放入颜色不同的食材即可。

填饱肚子立大功的外来粮

漂洋过海来中国

　　玉米、番薯和土豆在明代才来到中国安家。玉米来自中美洲和南美洲，土豆来自南美洲安第斯山区，番薯则是南美洲及大、小安的列斯群岛的"土著居民"。

　　15世纪至17世纪，在地理大发现的过程中，哥伦布等伟大的航海家发现了美洲新大陆，不仅见到了印第安土著居民，还认识了他们的主食。随后，这些新粮种被带到了欧洲，并随着欧亚的贸易往来一路向东，最后到了国人的餐桌上。

玉米 | 玉米起初作为皇家贡品被称为"御麦"，并没有普及开来。后来传到民间，因为好种植，产量高，所以百姓又将玉米列为五谷外的"第六谷"。

番薯 万历年间，福建人陈振龙在菲律宾发现了美味又高产的番薯。他想引入中国，但殖民菲律宾的西班牙政府严禁番薯出口，所以他只能将番薯藤绞缠在缆绳上，外面裹上泥土偷偷带回国内。

土豆 土豆直到明代万历年间才经由印度、爪哇等地来到中国，也就是说，中国400多位皇帝中只有自万历皇帝开始的16位皇帝吃过土豆。

一条是先从西班牙传至沙特阿拉伯，再从中亚国家传入我国西部的新疆和甘肃。

玉米来了

根据学者推测，玉米传入中国的路线可能有三条，前两条为陆路，第三条则是海路。

也许正因为玉米翻山越岭、漂洋过海才来到中国，所以一路上获得了上百个名字。有人根据形状叫它"棒子"；有人认为它是朝圣的礼物，唤它作"西天麦"；传入中国后，它又被称为"玉蜀黍"。

另一条是由欧洲传入印度、缅甸，再从南亚国家传到位于中国西南部的广西、云南。

第三条是先从欧洲传至菲律宾，后引种到中国的东南沿海地区。

原产地的玉米文化

墨西哥是玉米的故乡，生活在这里的古玛雅人以玉米为主食，久而久之便形成了"玉米文明"：玉米的种植时间是玛雅人划分节气的标准之一；玉米神是玛雅人每年8月须用羊羔、饮料祭祀的重要神明；玉米团在玛雅神话里是比泥土和木头更理想的神明造人材料。

虽然番薯历经万难才来到中国，但一落地就展现出了过人的优势。明代时，普遍种植的小麦和水稻，亩产只有两三百斤，番薯却能达到亩产两千到四千斤。因为"一亩数十石，胜种谷二十倍"，所以番薯很快得到了普及。

番薯按照肉质的颜色可分为四类。其中红薯口感松软，有明显的香味；黄薯特别甜，口感绵软；白薯没那么甜，但特别香；紫薯的皮和肉都是紫色的，又香又甜。

金大人真是个细致人呀，我在您的基础上，总结出了番薯亩产高、有营养等优点。

我编写的《海外新传七则》详细记载了番薯的知识，让第一次见到番薯的福建百姓能够更好地播种。

番薯曾在两次灾荒中表现突出。

1593 年，福建大旱，陈经纶找到巡抚金学曾，献上广种番薯以赈灾的计策。经过试种，证明了番薯不仅能适应福建的土壤，还能当作主食食用。于是要求各县广泛种植，从而度过旱灾。

1608 年，江南又遭旱灾，农学家徐光启将番薯引入江南。不到一百年，江浙地区的红薯种植便"甚多而贱"。

挑选红皮白心的番薯，出粉率更高。

去皮切块后，加水打成番薯浆。

倒入过滤袋中，挤出含有淀粉的水，再用清水多揉洗几遍。

将含有淀粉的水静置两三个小时，粉和水分离后，倒掉上层的水，剩下的就是湿淀粉。

另准备一碗米浆，在火上边烧边搅拌，两三分钟就能成糊，用来做添加剂。

将米糊和湿淀粉混合在一起，这样做出的粉浆不溶于水。

把粉浆倒入裱花袋中，剪一小口，悬于烧开水的锅上，就可以开始挤粉条了。

粉条遇到热水，会快速硬化和膨胀。煮熟后再过一遍冷水，口感会更筋道。我们可以用它来烹饪酸辣粉、火锅宽粉等美食。

番薯具有食疗的功能，是著名的"长寿食品"。李时珍在《本草纲目》中就记载了"甘薯补虚，健脾开胃，强肾阴，食之长寿"。

土豆旧事

生长期短、耐瘠耐寒的土豆"初登场"时并不顺利。1536年，西班牙探险队将土豆带回欧洲后，足足过了200年，欧洲各国才认识到土豆的重要性，其中还发生了许多有趣的故事。

起初，西班牙的贵族认为土豆难登大雅之堂，只有农夫、船员等平民才会吃它。

为土豆洗白名声的是爱尔兰人和荷兰人。其中，爱尔兰由于地理环境限制，不适合小麦等农作物生长，遇到不挑地的土豆后，简直如获至宝。

土豆传到了英、法、德、俄等国，除部分贵族将它视为观赏植物外，更多人则认为土豆生长于地下，不小心吃了变青发芽的土豆还会中毒，于是将它叫作"恶魔的苹果"并加以抵制。

1574 年，荷兰赶走侵略者后，在西班牙人留下的军营中，找到了土豆、胡萝卜和洋葱，以此做成美味大杂烩。战后，这道菜被定为荷兰国菜。

土豆来到中国后的经历没有那么坎坷。虽然起初土豆也是被贵族独享，但清代时已经被推广到普通百姓家，就连相对偏远的西南、西北地区和陕南高原的人们都享受到了土豆的美味。

在土豆被欧洲各国渐渐接受的过程中，发生了惨烈的"爱尔兰大饥荒"。1845 年至 1850 年短短 5 年间，由于土豆染上了晚疫病菌大量减产，爱尔兰人失去了四分之一的人口。这场灾难又被称为"马铃薯饥荒"。

如果你家有吃不完的土豆发芽了，不妨试试将它种在花盆里！先将土豆切成带有芽苗的小块，然后蘸上草木灰，埋进土里露出芽苗，浇足水后放在光线充足的阳台上。只要 2 周浇 1 次水，并少量施肥，3 个月后就能收获一花盆的小土豆。

图书在版编目（CIP）数据

走，去古代吃顿饭. 主食 / 懂懂鸭著. --北京：电子工业出版社，2022.11
ISBN 978-7-121-44427-2

Ⅰ.①走…　Ⅱ.①懂…　Ⅲ.①饮食 – 文化 – 中国 – 古代 – 少儿读物　Ⅳ.①TS971.2-49

中国版本图书馆CIP数据核字（2022）第192969号

责任编辑：董子晔
印　　刷：河北迅捷佳彩印刷有限公司
装　　订：河北迅捷佳彩印刷有限公司
出版发行：电子工业出版社
　　　　　北京市海淀区万寿路173信箱　邮编：100036
开　　本：889×1092　1/12　印张：15　字数：134.75千字
版　　次：2022年11月第1版
印　　次：2022年11月第1次印刷
定　　价：128.00元（全5册）

凡所购买电子工业出版社图书有缺损问题，请向购买书店调换。若书店售缺，请与本社发行部联系，联系及邮购电话：（010）88254888，88258888。

质量投诉请发邮件至zlts@phei.com.cn，盗版侵权举报请发邮件至dbqq@phei.com.cn。

本书咨询联系方式：（010）88254161转1865，dongzy@phei.com.cn。